Diätrezepte: Fett verbrennen am Bauch – Mit diesem Diätkochbuch den Stoffwechsel beschleunigen und sich gesund ernähren, Endlich schlank werden und Ihr Übergewicht verlieren!

Ein Buch von Michaela Fischer

„Seit Erfindung der Kochkunst essen die Menschen doppelt so viel wie die Natur verlangt“

Benjamin Franklin

Inhalt

Einführung

Wie Sie gesund abnehmen können

Wer sich erstmalig mit dem Thema "Abnehmen" beschäftigt, bekommt durch Begriffe wie Fatburner, Jojo-Effekt und Glyxindex schnell den Eindruck, dass Abnehmen eine komplizierte Wissenschaft ist. Das ist zumindest das Ziel der Hersteller von Schlankheitsmitteln und selbsternannten Diät-Experten. So schwer ist der Weg zum Wunschgewicht aber dann doch nicht. Ein wenig Disziplin und Regelmäßigkeit reichen aus, um die Pfunde purzeln zu lassen.
Richtig abnehmen – das bedeutet abnehmen ohne negative Auswirkungen auf die Gesundheit und mit nachhaltiger Gewichtsreduzierung. Aber wie stellt man das am besten an? Die Anzahl der verschiedenen Diäten ist schier unüberschaubar. Glyx-Diät, Trennkost-Diät oder doch die Mayo-Diät? Wer neu in der Materie ist verliert schnell den Überblick. Als Faustregel gilt: Je schneller die Diät verspricht, die Pfunde purzeln zu lassen, desto schneller hat man die zuvor abgenommenen Kilos wieder drauf (der zu Recht berüchtigte Jo-Jo-Effekt).

Welche Diät ist die beste?

Welche Diät die richtige ist lässt sich nur schwer verallgemeinern, denn jeder Mensch ist verschieden und hat unterschiedliche Ansprüche an eine Diät. Manche wollen möglichst schnell abnehmen, andere legen mehr Wert darauf, gesund abzunehmen. Einige Diäten verursachen nicht unerhebliche monatliche Kosten, andere wiederum lassen sich mit einfachsten Mitteln umsetzen. Daher sollte man sich zuvor einen Überblick über die verschiedenen Diäten verschaffen – wir helfen Ihnen dabei.
Wer gesund abnehmen will sollte sich mit dem Gedanken anfreunden, seine Ernährung dauerhaft umzustellen und zusätzlich etwas Sport zu treiben. Gesund abnehmen ist mit den sogenannten "Crash Diäten" nicht möglich. Diese Diäten, die nur eine niedrige Kalorienzahl abzielen, sind praktisch überholt. Bei geringem Nahrungsangebot schaltet unser Körper einfach in den Hungermodus um – und darunter leidet der Stoffwechsel.

Allgemeine Tipps zum Abnehmen

Es gibt einige einfache Regeln, die man auf dem Weg zum Idealgewicht beherzigen sollte.

- Motivation

Setzen Sie sich ein klares Ziel und suchen Sie sich Gleichgesinnte.

- Realismus

Zu hohe Erwartungen führen oft dazu, dass die Gewichtsabnahme scheitert. Also bleiben Sie bei Ihren Zielen unbedingt realistisch.

- Ernährung

Wollen Sie gesund abnehmen und das Gewicht halten stellen Sie Ihre Ernährung um. Blitzdiäten sind fehl am Platz.

- Bewegung

Treiben Sie nach Möglichkeit 2-3-mal die Woche Sport. Aber übertreiben Sie es besonders am Anfang nicht.

- Bewusst essen

Essen Sie mit Ruhe und Geduld anstatt eine Curry-Wurst im Stehen herunter zu schlingen. Essen Sie sich satt aber achten Sie stets auf die Kalorien.

- Kleine Erfolge sind wichtig

Lassen Sie sich nicht entmutigen, auch wenn Sie Ihr Ziel mal verfehlen sollten.

- Durchhaltevermögen

Wenn Sie das richtige Diätprogramm für sich gefunden haben bleiben Sie am Ball. Richtig abnehmen dauert viele Wochen, nicht ein paar Tage!

Viele von uns schleppen das ein oder andere Kilo Übergewicht mit sich herum. Jede Woche kommen neue Diäten und angebliche Wundermittel heraus.

Doch Radikaldiäten und andere Gewalt-Aktionen haben meist nur einen kurzfristigen Effekt und wirken nicht langfristig. Sport wie Tennis, der nicht nur Überwindung kostet, sondern auch Spaß machen kann, führt auch zu langfristigem Erfolg.

Mit ein paar einfachen Verhaltensregeln gelingt es, überflüssige Pfunde loszuwerden und beim Abnehmen auch noch Spaß zu haben.

Man sollte sich beim Abnehmen an die Grundsätze „mehr Bewegung“ und „Umstellung der Ernährung“ halten. Mehr Bewegung lässt sich etwa dadurch erreichen, dass man von Auto und Bus auf das Fahrrad umsteigt und kürzere Wege läuft.

Viele Wege zur Arbeit und beim Einkaufen lassen sich so erledigen. Bei schönem Wetter macht das auch gleich mehr Spaß. Man kann sich eine Sportart suchen, die Freude bereitet und wofür man sich nicht jedes Mal überwinden muss.

Tennis ist für viele eine solche Sportart. Wichtig ist, egal um welche Sportart es sich handelt, langfristig am Ball zu bleiben.

Gesunde Ernährung ist ebenfalls wichtig

Es kann helfen, sich auf 2 Hauptmahlzeiten am Tag festzulegen. Viele Menschen essen zwischen den eigentlichen Hauptzeiten richtige Kalorienbomben wie Schokoriegel, Süßes oder ein Wurstbrot.

Deshalb sollte man genau festlegen, was man zwischen den Mahlzeiten essen darf, etwa einen Apfel oder einen Becher Joghurt. Bei kleinen Snacks auch abends kann zu gesunden Alternativen gegriffen werden: geschnittene Äpfel statt Chips, zum Kaffee mal ein Stück Marmorkuchen anstatt Sahnetorte. Bei den Hauptmahlzeiten empfiehlt es sich, kleinere Portionen auf kleineren Tellern zu sich nehmen.

Generell gilt: Aufhören zu essen, wenn man satt ist und länger kauen. Auf gesüßte Säfte und Softdrinks sollte man verzichten und stattdessen auf ungesüßten Tee und Kaffee sowie Wasser umsteigen. Säfte lassen sich auch mit Sprudelwasser verdünnen.

Übergewicht – Die Volkskrankheit

Übergewicht und Fettleibigkeit ist inzwischen auch in Deutschland so stark verbreitet, wie noch nie. Studien sagen aus, dass bereits jeder Dritte fett ist. Diese Zahl ist erschreckend und hat sich innerhalb der letzten 10 Jahre verdoppelt.

Da weltweit immer mehr Fastfood-Ketten ihre Lokalitäten eröffnen trifft man nicht nur bei uns, sondern auch in den meisten anderen Ländern auf dieses Problem und auch dort ist es ebenfalls außer Kontrolle geraten.

Übergewicht ist nicht nur wegen des Aussehens unangenehm, sondern kann auch zu ernsthaften Problemen führen. Durch zu viel Extragewicht am Körper sind Sie wesentlich anfälliger gegenüber verschiedenen Krebserkrankungen, Diabetes, Hirnschlag und vor allem Herzkrankheiten.

Außerdem kann Ihr „dickes Erscheinungsbild“ auch starken Einfluss auf Ihr Selbstwertgefühl nehmen und Sie fühlen sich dadurch noch unwohler, ja teilweise sogar minderwertig.

Rezepte

Schnelles Beereneis mit Zimt und Buttermilch

Dauer: 20 Minuten

Portionen: Für vier Personen

Zutaten:

- 350g gemischte und tiefgekühlte Beeren
- ½ Zitrone
- 125ml Buttermilch
- 1 Teelöffel Zimt
- 4 Esslöffel Honig
- 2 Stiele Zitronenmelisse

So wird es gemacht:

1. Beeren für fünf Minuten auftauen lassen. Zitrone komplett auspressen. Nun alle Zutaten, bis auf die Zitronenmelisse, in den Mixer geben und alles zu einer feinen Masse verarbeiten.
2. Anschließend für zehn Minuten in die Eismaschine und gefrieren lassen.
3. In der Zwischenzeit Melisse waschen, abtropfen lassen, Blättchen abzupfen und das Eis damit garnieren.

Indischer Möhrensalat mit Joghurt, Senfkörnern und Minze

Dauer: 40 Minuten

Portionen: Für vier Personen

Zutaten:

- 300g griechischer Joghurt
- 4 Möhren
- 2 rote Zwiebeln
- 1 Esslöffel Öl
- 1 Esslöffel brauner Senfkörner
- 1 Teelöffel gemahlener Kreuzkümmel
- 1 Prise Salz
- 1 Teelöffel Chilipulver
- ½ Bund Minze
- ½ Zitrone

So wird es gemacht:

1. Joghurt in einem Sieb abtropfen lassen.
2. Möhren schälen, waschen und mit einem Gemüsehobel in sehr feine Streifen schneiden. Zwiebel schälen, waschen und in sehr feine Streifen schneiden.
3. Öl in einer Pfanne erhitzen und die Senfkörner darin anrösten. Möhren und Zwiebeln dazugeben und mit Kreuzkümmel, Salz und Chilipulver abschmecken. Für vier Minuten bei leichter Hitze köcheln lassen und dabei gelegentlich umrühren. Aus der Pfanne herausnehmen und abkühlen lassen.
4. Minze waschen, abtropfen lassen, Blättchen abzupfen und grob hacken. Zitrone komplett auspressen und mit dem Joghurt vermengen. Joghurt mit Minze garnieren.
5. Den Joghurt unter den Salat rühren und alles gut miteinander vermengen und sofort servieren.

Bunte Frischkäsekugeln mit Vollkornbröseln

Dauer: 20 Minuten

Portionen: Für zwei Personen

Zutaten:

- 1 Eichblattsellerie
- 1 Scheibe Rogen Vollkornbröseln
- 80g Frischkäse
- 1 Prise bunte Pfefferkörner
- 1 Prise Salz
- 1 Prise Pfeffer
- 3 Esslöffel Gemüsebrühe
- 2 Teelöffel milder Weißweinessig

So wird es gemacht:

1. Salat waschen, abtropfen lassen und in mundgerechte Stücke schneiden.
2. Vollkornbrot in einen Mixer geben und sehr fein zerkleinern. Hälfte der Brösel in eine Schüssel geben und mit dem Frischkäse vermengen. Anschließend für fünf Minuten ruhenlassen.
3. Bunte Pfefferkörner fein zermahlen und mit den restlichen Bröseln vermengen. Mit Salz abschmecken und auf einem Teller verteilen.
4. Die Hände leicht anfeuchten und aus der Frischkäsemasse kleine Kugeln formen. Diese Kugeln auf den Bröseln wälzen.
5. In der Zwischenzeit Gemüsebrühe, Salz, Pfeffer, Essig und den Eichblattsellerie in eine Schüssel geben und gut miteinander vermengen.
6. Salat auf zwei Tellern anrichten und die Kugeln dazugeben und sofort servieren.

Zebrabrote mit Frischkäse

Dauer: 15 Minuten

Portionen: Für vier Personen

Zutaten:

- ½ Bund Schnittlauch
- 180g Frischkäse
- 1 Prise Salz
- 1 Prise Pfeffer
- 1 Teelöffel edelsüßes Paprikapulver
- 6 Scheiben Pumpernickel

So wird es gemacht:

1. Schnittlauch waschen, abtropfen lassen und in feine Röllchen hacken.
2. Frischkäse in eine Schüssel geben und mit Salz und Pfeffer abschmecken und verquirlen. Anschließend in zwei Portionen verteilen.
3. Eine Portion mit Schnittlauch verquirlen, die andere mit dem Paprikapulver vermischen.
4. Zwei Scheiben mit Frischkäsemischung bestreichen. Jeweils ein Paprikabrot darauf geben und andrücken.
5. Brote mit Zahnstochern fixieren und fein würfeln.

Leichte Kokossuppe mit Spargel Teigtaschen und Kerbel

Dauer: 60 Minuten

Portionen: Für vier Personen

Zutaten:

- 1 große Schalotte
- 1 großes Stück Ingwer
- 1 grüne Chilischote
- 12 Stangen grüner Spargel
- 1 Esslöffel Öl
- 600ml Gemüsebrühe
- 1 Eiweiß
- 8 Wan-Tan Blätter
- 1 kleine Limette
- 125ml Kokosmilch
- 1 Teelöffel gelbe Currypaste
- 1 Esslöffel Thai Fischsauce
- 1 Prise Salz
- 1 Prise Pfeffer

So wird es gemacht:

1. Schalotte schälen, waschen und in feine Würfel schneiden. Ingwer schälen und fein reiben. Chilischote waschen, längs halbieren, entkernen und fein hacken.
2. Spargel waschen und Enden abschneiden.
3. Öl in einem Topf erhitzen und Schalotte, Ingwer und Chili darin bei leichter Hitze andünsten lassen. Nun Gemüsebrühe aufkochen lassen. Spargel dazugeben und für fünf Minuten köcheln lassen. Spargel anschließend herausnehmen und abkühlen lassen.
4. Spargelspitzen abschneiden und längs halbieren. Den restlichen Spargel in feine Scheiben schneiden.
5. Eiweiß und ein Teelöffel Wasser in eine Schüssel geben und miteinander verquirlen.
6. Wan-Tan Blätter jeweils zur Hälfte mit drei halbieren Spargelspitzen belegen.

7. Teigränder mit Eiweiß einstreichen, die Wan-Tans zusammenklappen und die Ränder fest andrücken.
8. Limette komplett auspressen. Limettensaft, Kokosmilch, Currypaste, Fischsauce in den Spargelsud geben und aufkochen lassen. Durch einen Sieb in in einen zweiten Topf geben und wieder aufkochen.
9. Teigtaschen und Spargel darin für zwei Minuten bei leichter Hitze kochen lassen.
10. Kerbel waschen, abtropfen lassen und Blättchen abzupfen.
11. Suppe mit Salz und Pfeffer abschmecken und den Blättchen garniert servieren.

Sommerrollen mit Glasnudeln und Zuckerschoten

Dauer: 40 Minuten

Portionen: Für acht Personen

Zutaten:

- 100g Tofu
- 1 Teelöffel Öl
- 1 Esslöffel Sojasauce
- 1 Teelöffel flüssiger Honig
- 100g Reisfadennudeln
- 10 Zuckerschoten
- 1 Prise Salz
- 1 Prise süße Chilisauce
- 2 Frühlingszwiebeln
- 8 Eichblätter
- 1 Möhre
- 100g Mango
- 8 Blätter Reispapier

So wird es gemacht:

1. Tofu komplett auspressen und in feine Stifte schneiden. Öl in einer Pfanne erhitzen und den Tofu für eine Minute von allen Seiten goldbraun anbraten. Sojasauce und Honig unterrühren, alles gut miteinander vermengen und für eine weitere Minute anbraten. Tofu aus er Pfanne nehmen und abkühlen lassen.
2. Nudeln laut Verpackungsanleitung zubereiten.
3. In der Zwischenzeit Zuckerschoten putzen und in Salzwasser für 30 Sekunden kochen lassen. Anschließend abtropfen und in feine Streifen schneiden.

4. Frühlingszwiebeln schälen, waschen und in feine Scheiben schneiden.
5. Eichblätter waschen, abtropfen lassen und in feine Streifen schneiden. Möhren schälen, waschen und in sehr feine Streifen schneiden.
6. Mango schälen, halbieren, entkernen und das Fruchtfleisch in feine Streifen schneiden.
7. Jeweils 2 Blätter Reispapier ca. 45 Sekunden in sehr warmem Wasser einweichen. Reispapier aus dem Wasser nehmen und übereinander auf ein feuchtes Küchentuch legen
8. Salatblätter auf das Papier legen und etwas vom Salat geben und alles gut verpacken. Mit Chilisauce beträufeln und kühl lagern.

Süße Frischkäse Bananen Creme mit Schokoraspeln

Dauer: 10 Minuten

Portionen: Für eine Personen

Zutaten:

- ⑩ 1 reife Banane
- ⑩ ½ kleine Orange
- ⑩ 60g Frischkäse
- ⑩ 1 Esslöffel Ahornsirup
- ⑩ 1 Esslöffel Zartbitterschokolade, fein geraspelt

So wird es gemacht:

1. Die Banane schälen, grob schneiden und in eine Schüssel geben und mit einer Gabel matschig zerdrücken.
2. Orange von der weißen Haut befreien und komplett auspressen. Den Saft in die Schüssel geben und beides gut vermischen.
3. Nun Frischkäse und Ahornsirup unterrühren und alles gut miteinander vermengen. Mit den Raspeln garnieren und auf Schälchen servieren.

Ananas Amarant Riegel mit Haferflocken und Mandeln

Dauer: 35 Minuten

Portionen: Für fünf Personen

Zutaten:

- 100g getrocknete Ananas
- 2 Esslöffel Butter
- 100g flüssiger Honig
- 2 Esslöffel Vollrohrzucker
- ½ Limette
- 100g Haferflocken
- 50g Amarant Pops
- 4 Esslöffel gehackte Mandeln

So wird es gemacht:

1. Den Ofen auf 150 Grad Ober- und Unterhitze vorheizen. Ein Backblech mit Backpapier auslegen.
2. Währenddessen die Ananas von der Schale befreien und das Fruchtfleisch in feine Würfel schneiden.
3. Butter, Honig und Zucker in eine Schüssel geben und gut miteinander vermengen. Eine Pfanne ohne Öl erhitzen und die Mischung darin kurz aufkochen lassen.
4. Die halbe Limette komplett auspressen und den Saft mit Haferflocken, Amarant, Mandeln und Ananas in die Pfanne geben und alles gut miteinander vermengen.
5. Die Masse anschließend auf dem Blech verteilen und glattstreichen. Für 18 Minuten in den Ofen geben und goldbraun backen. Anschließend abkühlen lassen und in mundgerechte Riegel schneiden.

Mango Mandel Würfel mit Sesam

Dauer: 20 Minuten

Portionen: Für vier Personen

Zutaten:

- 100g getrocknete Mango
- 50g gehackte Mandeln
- 1 Esslöffel Sesam
- 50g gemahlene Mandeln
- 100g kernige Haferflocken
- 2 Esslöffel Butter
- 50g Vollrohrzucker
- 100g flüssiger Honig
- 1 Teelöffel Orangensaft

So wird es gemacht:

1. Den Ofen auf 150 Grad Ober- und Unterhitze vorheizen. Ein Backblech mit Backpapier auslegen.
2. Mango von der Schale befreien und das Fruchtfleisch in feine Würfel schneiden.
3. Eine Pfanne ohne Öl erhitzen und gehackte Mandeln sowie Sesam darin goldbraun anrösten. Anschließend herausnehmen und abkühlen lassen.
4. Mango, gehackte und gemahlene Mandel, Sesam und Haferflocken in eine Schüssel geben und gut miteinander vermischen.
5. In einer anderen Schüssel Honig, Orangensaft und Zucker miteinander verquirlen. Butter in einer Pfanne erhitzen und die Zuckermasse darin aufkochen lassen.
6. Für zwei Minuten bei leichter Hitze und unter Rühren goldgelb aufkochen lassen. Anschließend vom Herd nehmen und abkühlen lassen.
7. Mango-Mischung dazugeben und alles gut miteinander vermengen.
8. Die Masse auf dem Backblech gleichmäßig verteilen und für 20 Minuten in den Ofen geben. Daraufhin abkühlen lassen und in mundgerechte Würfel schneiden.

Kalte Melonen Tomaten Suppe mit Joghurt und Basilikum

Dauer: 75 Minuten

Portionen: Für vier Personen

Zutaten:

- Zitrone
- ½ kleine Wassermelone
- 400g geschälte und stückige Tomaten, aus der Dose
- 1 Prise Salz
- 1 Prise Pfeffer
- 4 Stiele Basilikum
- 4 Esslöffel griechischer Joghurt

So wird es gemacht:

1. Die Zitrone heiß abwaschen, abtropfen lassen und die Hälfte der Schale fein abreiben. Anschließend halbieren und komplett auspressen.
2. Melone halbieren, entkernen, in Spalten schneiden, von der Schale befreien und das Fruchtfleisch in mundgerechte Würfel schneiden. Tomaten und Melone in einen Mixer geben und grob pürieren.
3. Nun Zitronensaft und Abrieb dazugeben und alles noch einmal fein pürieren. Mit Salz und Pfeffer abschmecken und für zwei Stunden im Kühlschrank lagern.
4. Basilikum waschen, abtropfen lassen, Blättchen abzupfen und fein hacken. Joghurt und Basilikum in eine Schüssel geben und miteinander verquirlen.
5. Die Suppe anschließend mit dem Joghurt gemeinsam servieren.

Aprikosen Kokos Riegel mit Mandeln

Dauer: 160 Minuten

Portionen: Für vier Personen

Zutaten:

- 100g getrocknete Aprikosen
- 2 Esslöffel Butter
- 50g flüssiger Honig
- 4 Esslöffel Vollrohrzucker
- ½ Orange
- 100g Dinkelflocken
- 50g Kokosraspeln
- 4 Esslöffel gehackte Mandeln

So wird es gemacht:

1. Den Ofen auf 150 Grad Ober- und Unterhitze vorheizen. Ein Backblech mit Backpapier auslegen.
2. Aprikosen von der Schale befreien und das Fruchtfleisch in feine Würfel schneiden.
3. Butter, Honig und Zucker in eine Schüssel geben und gut miteinander verquirlen. Anschließend in einen Topf geben und aufkochen lassen und unter Rühren erhitzen.
4. Orange heiß abwaschen, abtropfen lassen und ein Teelöffel von der Schala abreiben. Orange von der weißen Haut befreien und komplett auspressen.
5. Orangensaft und Abrieb, Dinkelflocken, Kokosraspel, Mandeln und die Aprikosen in den Topf geben und alles gut miteinander vermengen.
6. Die Masse anschließend auf dem Blech verteilen und glattstreichen. Für 25 Minuten in den Ofen geben und goldbraun backen. Anschließend abkühlen lassen und in mundgerechte Riegel schneiden.

Tomaten Chili Sorbet mit frischer Minze

Dauer: 40 Minuten

Portionen: Für sechs Personen

Zutaten:

- 600g reife Tomaten
- 1 kleine rote Chilischote
- 9 Stiele Minze
- ½ kleine Zitrone
- 1 Prise Salz
- 2 Teelöffel flüssiger Honig

So wird es gemacht:

1. Tomaten waschen, Strunk entfernen, mit heißem Wasser abschrecken, häuten, halbieren und entkernen.
2. Chilischote waschen, längs halbieren, entkernen und fein hacken.
3. Minze waschen, abtropfen lassen, Blättchen abzupfen und grob hacken. Zitrone komplett auspressen.
4. Nun alle Zutaten in einen Mixer geben und sehr fein pürieren. Mit Salz UND Honig abschmecken.
5. Die Masse in eine Eismaschine geben und gefrieren lassen.

Geröstete Tomatenbrote mit Knoblauch

Dauer: 20 Minuten

Portionen: Für vier Personen

Zutaten:

- 4 reife Tomaten
- 2 Knoblauchzehen
- 8 Scheiben Vollkorn Baguette
- 1 Prise Salz
- 1 Prise grob gemahlener Pfeffer
- 2 Esslöffel Olivenöl

So wird es gemacht:

1. Tomaten waschen, Strunk entfernen, halbieren und entkernen. Knoblauch schälen, waschen und halbieren.
2. Brotscheiben auf einen Grill geben und von beiden Seiten goldbraun anrösten.
3. Schnittflächen der Brote mit Knoblauch einreiben.
4. Nun die Tomaten auf die Scheiben geben und feste eindrücken. Etwas vom Fruchtfleisch muss auf den Brot haften bleiben.
5. Die Brote mit etwas Olivenöl beträufeln und mit Salz und Pfeffer abschmeckend servieren.

Schafskäsespieße mit Gewürz Kräuter Öl

Dauer: 5 Stunden

Portionen: Für fünf Personen

Zutaten:

- 1 Esslöffel heller Sesam
- 1 Esslöffel schwarzer Sesam
- 1 Teelöffel Fenchelsaat
- 200g Schafskäse
- 1 Zitrone
- 2 Esslöffel Olivenöl
- 1 Prise Salz
- 1 Teelöffel grob gemahlener schwarzer Pfeffer
- 4 Stiele Minze
- ½ Salatgurke
- 10 grüne entkernte Oliven

So wird es gemacht:

1. Eine Pfanne ohne Öl erhitzen und Sesam und Saat darin goldbraun anrösten. Anschließend herausnehmen und abkühlen lassen.
2. Käse in 20 gleichgroße Würfel schneiden.
3. Zitrone heiß abwaschen, abtropfen lassen und fein abreiben. Halbieren und nur eine Hälfte komplett auspressen.
4. Saat, Sesam, Zitronensaft, Abrieb, Öl, Prise Salz und Pfeffer in eine Schüssel geben und gut miteinander vermengen. Den Käse dazugeben und zugedeckt für vier Stunden in den Kühlschrank geben und marinieren lassen.
5. Minze waschen, abtropfen lassen, Blättchen abzupfen und fein hacken. Unter den Käse mischen.
6. Gurke schälen, waschen, längs halbieren, entkernen und anschließend in feine Würfel schneiden.
7. Oliven halbieren und abwechselnd mit Käse und Gurke aufspießen und servieren.

Gebratener Wasserspinat aus dem Wok

Dauer: 15 Minuten

Portionen: Für vier Personen

Zutaten:

- 2 Esslöffel gelbe Bohnenpaste
- 2 Esslöffel Thai Fischsauce
- 1 Teelöffel flüssiger Honig
- 600g Wasserspinat
- 2 Knoblauchzehen
- 3 Schalotten
- 1 Esslöffel Rapsöl

So wird es gemacht:

1. Bohnenpaste, zwei Esslöffel Wasser, Fischsauce und Honig in eine Schüssel geben und miteinander verquirlen.
2. Spinat waschen, abtropfen lassen und in mundgerechte Stücke schneiden.
3. Knoblauch schälen, waschen und fein hacken. Schalotte schälen, waschen und in feine Würfel schneiden.
4. Öl in einem Wok erhitzen und Spinat darin für eine Minute bei leichter Hitze anbraten.
5. Anschließend Knoblauch und Schalotte dazugeben und für eine weitere Minute anbraten.
6. Die Sauce unterrühren, alles gut miteinander vermischen und für 30 Sekunden garen.
7. Auf Tellern verteilen und warm genießen.

Tofu Gulasch mit Paprika, Kartoffeln und Tomaten

Dauer: 50 Minuten

Portionen: Für zwei Personen

Zutaten:

- 3 Tomaten
- 1 gelbe Paprikaschote
- 1 rote Paprikaschote
- 250g geräucherter Tofu
- 2 Zwiebeln
- 2 Knoblauchzehen
- 5 kleine Kartoffeln
- 2 Esslöffel Olivenöl
- 1 Esslöffel edelsüßes Paprikapulver
- 1 Esslöffel rosenscharfes Paprikapulver
- 320ml Gemüsebrühe
- ½ Bund Petersilie
- 1 Zitrone
- 2 Teelöffel Speisestärke
- 1 Prise Salz
- 1 Prise Pfeffer

So wird es gemacht:

1. Tomaten waschen, Strunk entfernen, mit heißem Wasser abschrecken, häuten, vierteln und entkernen.
2. Paprikaschoten waschen, Strunk entfernen, längs halbieren, entkernen und in feine Würfel schneiden.
3. Tofu in feine Würfel schneiden.
4. Zwiebel schälen, waschen und in feine Würfel schneiden. Knoblauch schälen, waschen und fein würfeln.
5. Kartoffeln schälen, waschen und in feine Würfel schneiden. Einen Topf mit kaltem Wasser füllen und die Kartoffeln darin nicht kochen.
6. Öl in einem anderem Topf erhitzen und Zwiebeln und Knoblauch darin glasig andünsten. Paprikaschoten dazugeben und für fünf Minuten bei leichter Hitze anbraten.

7. Kartoffeln abgießen, abtropfen lassen und in den Topf geben und alles gut miteinander vermengen. Mit Paprikapulvern abschmecken. Nun die Gemüsebrühe in den Topf unterrühren und aufkochen lassen. Für fünf Minuten zugedeckt bei leichter Hitze köcheln lassen.
8. Nach fünf Minuten die Tomaten dazugeben und drei Minuten köcheln lassen. Anschließend die Tofu dazugeben und für weitere vier Minuten garen.
9. In der Zwischenzeit Petersilie waschen, abtropfen lassen, Blättchen abzupfen und fein hacken. Zitrone heiß abwaschen, die Schale fein abreiben und mit der Petersilie zusammen in einer Schüssel vermischen.
10. Speisestärke in den Topf unterrühren und alles glattrühren. Zum Schluss mit Salz und Pfeffer abschmecken.
11. Auf Tellern anrichten und mit Petersilie – Mischung bestreut genießen.

Gemüse-Couscous mit Kichererbsen

Dauer: 35 Minuten

Portionen: Für vier Personen

Zutaten:

- 450ml Gemüsebrühe
- ½ Zitrone
- 350g Instant Couscous
- 4 Tomaten
- 200g Kichererbsen, aus der Dose
- 2 Bund Petersilie
- 2 Esslöffel Weißweinessig
- 1 Prise Salz
- 1 Prise Pfeffer

So wird es gemacht:

1. Brühe in einen Topf geben und zum Kochen bringen. Die Zitrone vollständig auspressen.
2. Couscous mit Zitronensaft beträufeln, vermischen und anschließend in den Topf geben. Den Topf vom Herd nehmen und Couscous zugedeckt für zehn Minuten quellen lassen.
3. In der Zwischenzeit Tomaten waschen, Strunk entfernen und in Würfel schneiden. Kichererbsen abgießen, waschen und abtropfen lassen. Petersilie waschen, abtropfen lassen und grob hacken.
4. Couscous, Tomaten, Kichererbsen, Essig und Salz in eine Schüssel geben und miteinander vermengen. Übrig geblieben Zitronensaft darüber träufeln lassen und mit Pfeffer abschmecken.

Gemüse Omelett mit schwarzen Oliven

Dauer: 20 Minuten

Portionen: Für zwei Personen

Zutaten:

- 150g Aubergine
- 125g Zucchini
- 100g rote Paprikaschote
- 1 Esslöffel Öl
- 1 Schalotte
- 1 Knoblauchzehe
- 1 Prise Salz
- 1 Prise Pfeffer
- 4 Eier
- 3 Esslöffel Milch
- 2 Teelöffel getrocknete Kräuter der Provence
- 2 Esslöffel schwarze Oliven, entkernt

So wird es gemacht:

1. Aubergine waschen, abtropfen lassen und in feine Würfel schneiden. Zucchini waschen, Enden abschneiden und in feine Würfel schneiden.
2. Paprikaschote waschen, längs halbieren, entkernen und in feine Streifen schneiden.
3. Öl in einer Pfanne erhitzen und das Gemüse darin für drei Minuten anbraten.
4. In der Zwischenzeit Schalotte schälen, waschen und in feine Würfel schneiden. Knoblauch schälen, waschen und fein hacken. Beides in die Pfanne geben und für zwei Minuten mit anbraten. Alles gut miteinander vermischen und mit Salz und Pfeffer abschmecken.
5. Eier, Milch und Kräuter in eine Schüssel geben und gut miteinander verquirlen.
6. Nun die Eiermasse in die Pfanne geben und für fünf Minuten bei leichter Hitze zugedeckt stocken lassen. Einmal pro Minute die Pfanne kurz rütteln, damit das Omelett nicht ansetzt. Anschließend auf einem Teller anrichten.
7. Oliven waschen und in Scheiben schneiden. Auf dem Omelett verteilen und warm genießen.

Kartoffelsalat mit Gurke und Dill

Dauer: 80 Minuten

Portionen: Für vier Personen

Zutaten:

- 600g festkochende Kartoffeln
- 1 Prise Salz
- 1 Prise Pfeffer
- 2 rote Zwiebeln
- 3 Esslöffel Apfelessig
- 150ml Gemüsebrühe
- 1 Prise Zucker
- 2 Esslöffel Rapsöl
- 1 Salatgurke
- 3 Stiele Dill

So wird es gemacht:

1. Kartoffeln putzen. Einen Topf voller Salzwasser auffüllen und aufkochen lassen. Die Kartoffeln darin für 20 Minuten garen. Anschließend abgießen, abtropfen lassen, schälen und abkühlen. Die Kartoffeln in Scheiben schneiden und von beiden Seiten salzen. In eine Schüssel geben.
2. In der Zwischenzeit Zwiebel schälen, waschen und in Würfel schneiden. Zwiebel, Essig, Brühe und Prise Zucker in einen Topf geben, verrühren und aufkochen lassen. Die heiße Brühe über den Kartoffeln gießen und alles gut miteinander vermengen.
3. Nun das Öl unterrühren und die Kartoffeln für 30 Minuten ruhenlassen. Alle sechs bis sieben einmal kräftig umrühren.
4. Währenddessen Gurken schälen, waschen und in feine Scheiben hobeln. Über den Salat verteilen und mit Salz und Pfeffer abschmecken. Für weitere zehn Minuten ruhenlassen.
5. Dill waschen, abtropfen lassen, Blättchen abzupfen und fein hacken. Über den Salat mischen und auf Schälchen verteilt servieren.

Hirse Gemüse Topf mit Minze Joghurtsauce

Dauer: 20 Minuten

Portionen: Für zwei Personen

Zutaten:

- 30g Hirse
- 1 kleine Fenchelknolle
- 2 getrocknete Tomaten
- 100ml Gemüsebrühe
- 1 Frühlingszwiebel
- 3 Stiele Minze
- 2 Esslöffel griechischer Joghurt
- 1 Prise Salz
- 1 Prise Pfeffer

So wird es gemacht:

1. Hirse mit kaltem Wasser abschrecken und anschließend abtropfen lassen.
2. Fenchel waschen, abtropfen lassen, vierteln und in feine Streifen schneiden.
3. Tomaten in feine Streifen schneiden.
4. Gemüsebrühe in einem Topf aufkochen lassen und Hirse, Fenchel und Tomaten dazugeben und für zehn Minuten bei leichter Hitze köcheln lassen.
5. Minze waschen, abtropfen lassen, Blättchen abzupfen und fein hacken. Joghurt und Minze in eine Schüssel geben und verquirlen. Mit Salz und Pfeffer abschmecken.
6. Frühlingszwiebel schälen, waschen und fein hacken. In den Topf geben und aufkochen lassen. Mit dem Joghurt zusammen servieren.

Grüner Gemüse Reis Topf mit Eskariol

Dauer: 25 Minuten

Portionen: Für zwei Personen

Zutaten:

- 1 Knoblauchzehe
- 125ml Gemüsebrühe
- 35g Vollkornreis
- 3 Stangen Staudensellerie
- 1 kleine Salatgurke
- 70g Eskariol
- 1 Prise Salz
- 1 Prise Pfeffer
- 1 Teelöffel rosa Pfefferkörner

So wird es gemacht:

1. Knoblauch schälen, waschen und fein hacken. Gemüsebrühe in einem Topf aufkochen lassen und den Reis dazugeben. Zugedeckt für 20 Minuten bei leichter Hitze garen lassen. Zehn Minuten vor der Garzeit Knoblauch dazugeben und andünsten.
2. In der Zwischenzeit Staudensellerie waschen, abtropfen lassen und feine Scheiben schneiden.
3. Salatgurke schälen, waschen, längs halbieren, entkernen und in feine Würfel schneiden.
4. Eskariol waschen, abtropfen lassen und in feine Streifen schneiden.
5. Selleriescheiben und Gurken in den Topf geben und für fünf Minuten garen lassen.
6. Eskariol unter den Gemüse heben und mit Salz und Pfeffer.
7. Rosa Pfeffer fein zerdrücken und darüber streuen.

Putenroulade auf Spargelsalat mit rosa Pfeffer

Dauer: 35 Minuten

Portionen: Für eine Person

Zutaten:

- ⓾ 250g grüner Spargel
- ⓾ 1 dünnes kleines Putenschnitzel
- ⓾ ½ Teelöffel Wasabi Paste
- ⓾ 1 Prise Salz
- ⓾ 5 Esslöffel Gemüsebrühe
- ⓾ ½ Teelöffel rosa Pfefferkörner
- ⓾ ½ kleine Zitrone
- ⓾ 6 Halme Schnittlauch

So wird es gemacht:

1. Spargel waschen, Enden abschneiden und das untere Drittel schälen. Anschließend in feine Scheiben schneiden.
2. Putenschnitzel waschen, trocken tupfen und auf der einen Seite mit Wasabi bestreichen. Mit Salz würzen, einrollen und mit einem Zahnstocher fixieren.
3. Gemüsebrühe in einem Topf aufkochen, Spargel hineingeben und zum Kochen bringen. Roulade darauflegen und zugedeckt bei leichter Hitze etwa fünf Minuten garen.
4. In der Zwischenzeit rosa Pfefferkörner zerkleinern.
5. Roulade und Spargel herausnehmen und in die Roulade auf Tellern und Spargel in eine Schüssel geben.
6. Zitrone komplett auspressen und mit rosa Pfeffer die Brühe abschmecken. Anschließend über den Spargel gießen und für 20 Minuten ziehen lassen.
7. Schnittlauch waschen, abtropfen lassen und in Röllchen schneiden. Unter den Spargel mischen und mit Salz abschmecken.
8. Rouladen in Scheiben schneiden und auf dem Salat anrichten.

Artischockencreme auf Maiswaffeln mit Mandeln

Dauer: 30 Minuten

Portionen: Für zwei Personen

Zutaten:

- 3 kleine Tomaten
- 220g Artischockenböden, aus der Dose
- 1 Teelöffel gemahlene Mandeln
- 1 Prise Salz
- 1 Prise Pfeffer
- 4 Stiele Basilikum
- 2 Maiswaffeln

So wird es gemacht:

1. Tomaten waschen, Strunk entfernen, mit heißem Wasser abschrecken, häuten, halbieren, entkernen und in feine Würfel schneiden.
2. Artischockenböden abgießen, waschen und abtropfen lassen. In mundgerechte Stücke schneiden. Die Hälfte der Artischockenböden in einen Mixer geben und fein pürieren.
3. Püree, Artischockenstücke, Tomaten und Mandeln in eine Schüssel geben und gut miteinander vermengen. Mit Salz und Pfeffer abschmecken und für zehn Minuten quellen lassen.
4. In der Zwischenzeit Basilikum waschen, abtropfen lassen, Blättchen abzupfen und fein hacken. In die Schüssel unterrühren und alles gut vermengen.
5. Creme über die Waffeln verteilen und genießen.

Gedünstetes Gurkengemüse mit Parmesan

Dauer: 15 Minuten

Portionen: Für zwei Personen

Zutaten:

- 2 Möhren
- 1 Salatgurke
- 70ml Gemüsebrühe
- 4 Stiele Basilikum
- 1 Prise Salz
- 1 Prise Pfeffer
- 1 Stück Parmesan

So wird es gemacht:

1. Möhre schälen, waschen und mit einem Gemüsehobel in feine Streifen schneiden. Gurken schälen, waschen, längs halbieren, entkernen und mit einem Gemüsehobel in feine Streifen schneiden.
2. Gemüsebrühe in einem Topf aufkochen lassen und die Möhren darin für vier Minuten andünsten.
3. Basilikum waschen, abtropfen lassen, Blättchen abzupfen und fein hacken.
4. Gurken in den Topf geben und für zwei Minuten andünsten. Mit Salz, Pfeffer Basilikum abschmecken.
5. Parmesan in feine Streifen schneiden.
6. Gemüse auf Tellern anrichten und mit dem Parmesan bestreut servieren.

Krebsschwänze auf Möhrengemüse mit Sellerie und Senfkörnern

Dauer: 25 Minuten

Portionen: Für zwei Personen

Zutaten:

- ⓾ 3 Möhren
- ⓾ 1 Stück Knollensellerie
- ⓾ 1 kleine Knoblauchzehe
- ⓾ ½ Teelöffel Fenchelsaat
- ⓾ 1 Teelöffel Senfkörner
- ⓾ 100ml Fischfond, aus dem Glas
- ⓾ 3 Stiele Dill
- ⓾ 100g gegarte Krebsschwanz, aus dem Kühlregal
- ⓾ 1 Prise Salz
- ⓾ 1 Prise Pfeffer

So wird es gemacht:

1. Möhre schälen, waschen und in feine Stifte schneiden. Knollensellerie schälen, waschen und in feine Stifte schneiden.
2. Knoblauch schälen, waschen und fein hacken.
3. Möhren, Selleriestifte und Knoblauch mit Fenchelsaat, Senfkörnern und Fischfond in einen Topf geben. Aufkochen und zugedeckt bei leichter Hitze acht Minuten dünsten.
4. Dill waschen, abtropfen lassen und fein hacken.
5. Krebsschwänze im Topf für zwei Minuten garen.
6. Krebsschwänze herausnehmen. Dill zum Gemüse geben, salzen, pfeffern und mit den Krebsschwänzen anrichten.

Minipizzen mit Paprikagemüse und Schafskäsewürfeln

Dauer: 100 Minuten

Portionen: Für acht Personen

Zutaten:

- 200g Dinkel Vollkornmehl
- 200g Dinkelmehl
- 1 Prise Salz
- 1 Prise Pfeffer
- ½ Würfel Hefe
- 1 Aubergine
- 1 Zucchini
- 1 gelbe Paprikaschote
- 1 Zwiebel
- 2 Knoblauchzehen
- 2 Esslöffel Olivenöl
- 600g stückige Tomaten, aus der Dose
- 2 Esslöffel Tomatenmark
- ½ Teelöffel getrockneter Oregano
- ½ Teelöffel getrockneter Rosmarin
- ½ Teelöffel Thymian

So wird es gemacht:

1. Dinkelmehl, Dinkel – Vollkornmehl und Prise Salz in eine Schüssel geben und miteinander vermengen. In die Mitte eine Vertiefung eindrücken und die Hefe darin zerbröseln lassen. 250Ml lauwarmes Wasser darüber gießen und anschließend zu einem homogenen Teig verarbeiten. Anschließend für 30 Minuten zugedeckt bei Raumtemperatur ruhenlassen.
2. Den Ofen auf 200 Grad Ober- und Unterhitze vorheizen. Ein Backblech mit Backpapier auslegen.
3. In der Zwischenzeit Aubergine waschen, abtropfen lassen und in feine Würfel schneiden. Zucchini waschen, Enden abschneiden und in feine Würfel schneiden. Paprikaschote waschen, Strunk entfernen, halbieren, entkernen und in feine Würfel schneiden. Zwiebel schälen, waschen und in feine Würfel schneiden. Knoblauch schälen, waschen und fein hacken.

4. Öl in einer Pfanne erhitzen und Zucchini, Aubergine, Paprikaschote, Zwiebel und Gemüse darin für drei Minuten bei leichter Hitze anbraten. Nach und nach Tomatenmark und Tomaten dazugeben und aufkochen lassen. Mit Oregano, Thymian, Rosmarin, Salz und Pfeffer abschmecken und für drei weitere Minuten köcheln lassen.
5. Schafskäse in feine Würfel schneiden.
6. Die Hände leicht anfeuchten und aus dem Teig kleine Kügelchen formen, diese auf dem Blech platzieren und plattdrücken. Die Gemüsemischung darauf verteilen und mit Käse belegen. Für 15 Minuten in den Ofen geben.
7. Pizzen abkühlen lassen und warm genießen.

Tomaten Pfanne mit Senfsauce

Dauer: 20 Minuten

Portionen: Für vier Personen

Zutaten:

- 2 Schalotten
- 300g Kirschtomaten
- 700g Zanderfilets
- 1 Prise Salz
- 3 Esslöffel Mehl
- 2 Esslöffel Olivenöl
- 125ml Gemüsebrühe
- 200ml Sojacreme
- 3 Esslöffel körniger Senf
- 1 Prise Pfeffer
- 2 Stiele Dill

So wird es gemacht:

1. Schalotte schälen, waschen und in sehr feine Würfel schneiden. Tomaten waschen, Strunk entfernen und halbieren. Zanderfilet waschen, trocken tupfen und in mundgerechte Stücke schneiden.
2. Mehl und Fisch in eine Schüssel geben und miteinander vermengen, so dass der Mehl am Fisch haften bleibt.
3. Öl in einer Pfanne erhitzen und den Fisch von beiden Seiten kurz anbraten. Herausnehmen und abkühlen lassen.
4. Schalotte und Tomaten in die Pfanne geben und für 30 Sekunden andünsten. Nun Gemüsebrühe und Sojacreme unterrühren und für zwei Minuten bei leichter Hitze köcheln lassen und dabei mehrmals umrühren.
5. Senf unterrühren und alles wieder verquirlen.
6. Nun die Fischsstücke in die Pfanne geben und für 45 Sekunden köcheln lassen. Mit Salz und Pfeffer abschmecken und auf Tellern verteilen.
7. Dill waschen, abtropfen lassen, Blättchen abzupfen, fein hacken und über das Essen verteilen.

Zwiebel Omelett mit Chili Knusperflocken

Dauer: 30 Minuten

Portionen: Für zwei Personen

Zutaten:

- 3 rote Zwiebeln
- 1 Teelöffel Keimöl
- 4 große Eier
- 1 Esslöffel Mineralwasser
- 1 Prise Salz
- 1 Prise Pfeffer
- 1 Prise Muskatnuss
- 1 Esslöffel zarte Haferflocken
- 1 Teelöffel Amarant Pops
- 1 Teelöffel Honig
- 1 Prise Chiliflocken
- ½ Blatt Nori Alge

So wird es gemacht:

1. Zwiebel schälen, waschen und in feine Ringe schneiden. Öl in einer Pfanne erhitzen und die Zwiebeln darin für acht Minuten bei leichter Hitze andünsten lassen.
2. In der Zwischenzeit Eier in einer Schüssel aufschlagen und mit Wasser, Salz, Pfeffer und Muskatnuss verquirlen.
3. Die Eiermasse in die Pfanne gießen und für zehn Minuten stocken lassen.
4. Währenddessen eine andere Pfanne ohne Öl erhitzen und Haferflocken und Amarant darin goldbraun anrösten. Honig, Prise Salz und Chiliflocken unterrühren und alles gut vermengen. Anschließend auf Tellern servieren.
5. Alge in feine Streifen schneiden und das Omelett damit garnieren.
6. Omelett aus der Pfanne nehmen, halbieren und auf den Tellern anrichten und warm genießen.

Gemüseeintopf mit Linsen

Dauer: 25 Minuten

Portionen: Für zwei Personen

Zutaten:

- ⑩ 2 Möhren
- ⑩ ½ großer Kohlrabi
- ⑩ 2 Frühlingszwiebeln
- ⑩ ¼ Teelöffel Rapsöl
- ⑩ 2 Teelöffel rote Linsen
- ⑩ 200ml mediterrane Gemüsebrühe
- ⑩ 1 Prise Salz
- ⑩ 1 Prise Pfeffer
- ⑩ ½ Bund Petersilie
- ⑩ ½ Esslöffel Balsamessig

So wird es gemacht:

1. Möhren schälen, waschen und in feine Würfel schneiden, Kohlrabi schälen, waschen und in feine Würfel schneiden. Zwiebel schälen, waschen und in feine Ringe schneiden.
2. Öl in einem Topf erhitzen und alle drei Zutaten darin für vier Minuten bei leichter Hitze andünsten. Anschließend 100ml dazugießen und kurz aufkochen lassen. Nun die Linsen unterrühren und alles für zehn Minuten aufkochen lassen. Nun nach und nach die Gemüsebrühe dazugießen und mit Salz und Pfeffer abschmecken.
3. In der Zwischenzeit Petersilie waschen, abtropfen lassen, Blättchen abzupfen und fein hacken. Gemüseeintopf mit Petersilie und Essig abschmecken und auf Tellern verteilen und warm genießen.

Zucchini Tomaten Auflauf mit Manchego

Dauer: 70 Minuten

Portionen: Für vier Personen

Zutaten:

- ⑩ 3 Zwiebeln
- ⑩ 2 Knoblauchzehen
- ⑩ 1 Möhre
- ⑩ 1 Stück Manchego
- ⑩ 10g Tomaten
- ⑩ 1 Esslöffel Olivenöl
- ⑩ 100ml Gemüsebrühe
- ⑩ 1 Prise Salz
- ⑩ 1 Prise Pfeffer
- ⑩ 2 Teelöffel edelsüßes Paprikapulver
- ⑩ 1 Teelöffel getrockneter Thymian
- ⑩ 3 Esslöffel Dinkelmehl
- ⑩ 3 Zucchini
- ⑩ 2 Esslöffel Rapsöl
- ⑩ 3 Esslöffel Semmelbrösel

So wird es gemacht:

1. Den Ofen auf 200 Grad Ober- und Unterhitze vorheizen. Eine Auflaufform leicht einfetten.
2. Zwiebel schälen, waschen und in feine Würfel schneiden. Knoblauch schälen, waschen und fein hacken. Möhren schälen, waschen und in feine Würfel schneiden. Den Käse in sehr feine Scheiben hobeln.
3. Tomaten waschen, Strunk entfernen, mit heißem Wasser abschrecken, häuten, halbieren, entkernen und in feine Würfel schneiden.
4. Öl in einem Topf erhitzen und Zwiebel und Knoblauch darin glasig andünsten. Daraufhin Möhren dazugeben und für vier Minuten mit andünsten.

5. Nun nach und nach Gemüsebrühe und Tomaten dazugeben und alles mit Thymian, Paprikapulver, Salz und Pfeffer würzen und für zehn Minuten garen.
6. In der Zwischenzeit Zucchini waschen, Enden abschneiden und in sehr feine Würfel schneiden. Mit Salz würzen. Mehl und Zucchini in eine Schüssel geben und miteinander vermischen, so dass das Mehl haften bleibt.
7. Etwas Öl in einer Pfanne erhitzen und den Zucchini darin von allen Seiten leicht goldbraun anbraten.
8. Zucchini, Tomaten, Semmel, geriebenen Machengo in die For geben und für 20 Minuten im Ofen goldbraun backen.

Bunte Gemüsepfanne mit Schafskäse

Dauer: 30 Minuten

Portionen: Für vier Personen

Zutaten:

- ⓾ 3 kleine Zucchini
- ⓾ 1 große gelbe Paprikaschote
- ⓾ 1 große rote Paprikaschote
- ⓾ 2 große Zwiebeln
- ⓾ 1 Knoblauchzehe
- ⓾ 1 Zweig Thymian
- ⓾ 1 Zweig Rosmarin
- ⓾ 125g rote Kirschtomaten
- ⓾ 125g gelbe Kirschtomaten
- ⓾ 2 Esslöffel Olivenöl
- ⓾ 50ml mediterrane Gemüsebrühe
- ⓾ 1 Prise Salz
- ⓾ 1 Prise Pfeffer
- ⓾ 150g Schafskäse

So wird es gemacht:

1. Zucchini waschen, Enden abschneiden und in dicke Scheiben schneiden. Paprikaschoten waschen, Strunk entfernen, halbieren, entkernen und in dicke Streifen schneiden. Zwiebel schälen, waschen und in feine Streifen schneiden. Knoblauch schälen, waschen und in feine Scheiben schneiden. Thymian waschen, abtropfen lassen, Blättchen abzupfen und fein hacken. Rosmarin waschen, abtropfen lassen, Blättchen abzupfen und fein hacken. Tomaten waschen, Strunk entfernen und halbieren.
2. Öl in einer Pfanne erhitzen und Zwiebel und Knoblauch darin glasig andünsten.
3. Paprika dazugeben und für eine weitere Minute anbraten. Nun die Gemüsebrühe aufgießen und kurz aufkochen lassen.
4. Mit Zucchini und Kräutern verfeinern und für drei Minuten bei leichter Hitze schmoren lassen.
5. Tomaten in die Pfanne unterrühren und für drei weitere garen lassen. Mit Salz und Pfeffer abschmecken.
6. Das Gemüse auf Tellern verteilen und den Käse leicht zerbröseln und darauf geben.

Tofu Gemüse Curry mit Mango und Mandeln

Dauer: 40 Minuten

Portionen: Für vier Personen

Zutaten:

- 250g Brokkoli
- 1 rote Paprikaschote
- 1 grüne Paprikaschote
- 1 Zwiebel
- 1 rote Chilischote
- 1 Knoblauchzehe
- 1 Mango
- 200g Tofu
- 1 Esslöffel Öl
- 1 Teelöffel gemahlener Kreuzkümmel
- 1 Teelöffel Kurkuma
- 1 Teelöffel gemahlener Koriander
- 1 Teelöffel gemahlener Ingwer
- 3 Esslöffel Sojasauce
- 200ml Gemüsebrühe
- 200ml Kokosmilch
- 1 Esslöffel Mandelblättchen
- 1 Prise Salz
- 1 Prise Pfeffer

So wird es gemacht:

1. Brokkoli waschen, abtropfen lassen und in Röschen zerkleinern.
2. Paprikaschoten waschen, Strunk entfernen, halbieren, entkernen und in Würfel schneiden. Zwiebel schälen, waschen und in feine Ringe schneiden. Knoblauch schälen, waschen und fein hacken. Chilischote waschen, längs halbieren, entkernen und fein hacken. Mango schälen, halbieren, entkernen und das Fruchtfleisch in Würfel schneiden. Tofu komplett auspressen und in sehr feine Würfel schneiden.
3. Öl in einem Topf erhitzen und Kreuzkümmel, Kurkuma, Koriander und Ingwer darin für 20 Sekunden andünsten. Anschließend nach und nach Paprika, Zwiebeln, Chili, Knoblauch und Tofu dazugeben und für eine Minute anbraten lassen.
4. Sojasauce, Gemüsebrühe, Kokosmilch, Mango und Brokkoli in den Topf geben und bei leichter Hitze für zehn Minuten garen lassen.
5. In der Zwischenzeit eine Pfanne ohne Öl erhitzen und die Mandeln darin goldbraun anrösten.
6. Gemüse mit Salz abschmecken und mit den Mandeln bestreut servieren.

Bunter Tomatensalat auf körnigem Frischkäse

Dauer: 10 Minuten

Portionen: Für vier Personen

Zutaten:

- 250g rote Kirschtomaten
- 250g gelbe Kirschtomaten
- 1 kleine rote Zwiebel
- 1 Knoblauchzehe
- ½ Bund Basilikum
- 3 Esslöffel Olivenöl
- 1 Prise Salz
- 1 Prise Pfeffer
- ¼ Bund Rucola
- 200g körniger Frischkäse

So wird es gemacht:

1. Tomaten waschen, Strunk entfernen und halbieren. Zwiebel schälen, waschen und in feine Ringe schneiden. Knoblauch schälen, waschen und fein hacken. Basilikum waschen, abtropfen lassen, Blättchen abzupfen und fein hacken.
2. Tomaten, Zwiebeln, Basilikum, Knoblauch und Olivenöl in eine Schüssel geben und gut miteinander vermengen. Mit Salz und Pfeffer abschmecken.
3. Rucola waschen, abtropfen lassen, Blättchen abzupfen und fein hacken.
4. Frischkäse unterrühren und den Salat mit Rucola garniert servieren.

Schlusswort

Es hat mich sehr gefreut, dass du dieses Buch bis zum Ende gelesen hast.

Jetzt kommt der Punkt an dem ich dich um einen kleinen Gefallen bitte möchte. Soll-test du es nicht bereits wissen, Rezensionen sind ein extrem wichtiger Bestandteil von Produkten.

Kunden verlassen sich auf Deine Rezensionen, wenn sie Kaufentscheidungen treffen. Deine Rezensionen helfen meinen Büchern innerhalb eines schon fast überfüllten Amazon-Marktplatzes mehr Sichtbarkeit zur erlangen.

Solltest du gefallen an dem Buch gefunden haben, würde es mich sehr freuen wenn du dir zwei Minuten Zeit nimmst.

Schreibe was dir besonders gut gefallen hat und natürlich auch wenn dir etwas nicht gefallen hat. Ich lese jede Bewertung persönlich und freue mich über jedes Feed-back. Dadurch kann ich mich stetig verbessern und persönlichen Kontakt zu dir auf-zubauen.

Das geht so:

- Amazon.de aufrufen
- Zu „Mein Konto“ gehen
- „Meine Bestellungen“ aufrufen
- „Schreiben Sie eine Produktrezension“ klicken
- Rezension schreiben (mind. 10 Wörter)

Hier direkt bewerten

Alles Liebe und gutes Gelingen!
Herzliche Grüße,
deine Michaela Fischer

Impressum

1. Auflage

Kontakt: Markus Fritz/Seitling 273/5571 Mariapfarr
Covergestaltung: Karste Schwarz
Coverfoto: depositphotos.com

Haftungsausschluss

Der Inhalt dieses Buches wurde mit größter Sorgfalt und nach besten Wissen und Gewissen gestaltet. Im Hinblick auf Richtigkeit, Aktualität und Vollständigkeit der zur Verfügung gestellten Informationen kann der Autor keine Haftung übernehmen. Die Geltendmachung von Ansprüchen jeglicher Art ist ausgeschlossen.

Urheberrecht

Weiteres Buch zum Thema Ernährung

<u>hier geht's zum Buch auf Amazon</u>

Schnell und unkompliziert abnehmen!

Kennst du das Gefühl? Zahlreiche Abnehmversuche von denen keiner wirklich funktioniert?

Du hast eine Diät gemacht, aber die Jeans zwickt immer noch, weil dieses lästige Bauchfett noch da ist?

Bist du jemand der endlich seine Traumfigur haben möchte?

Dann ist dieses Buch über Ketogene Diät genau das Richtige für dich!

Dieses Buch wird dein Problem im Nu lösen!

Printed by Amazon Italia Logistica S.r.l.
Torrazza Piemonte (TO), Italy

11855818R00050